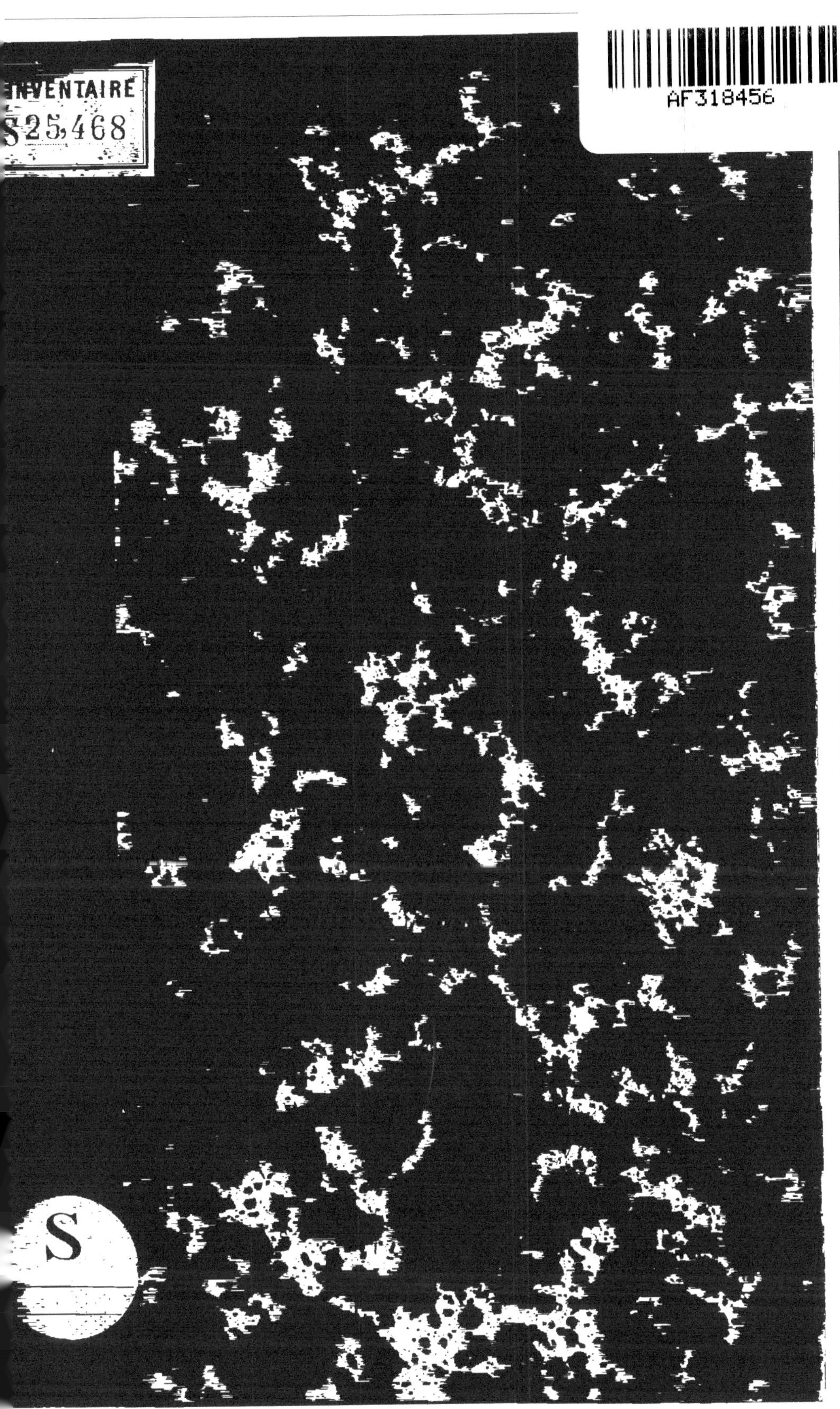

DE LA FILATURE DES COCONS

ET

DU MOULINAGE DES SOIES.

COUP D'ŒIL

sur

LE COMMERCE DES SOIES,

au point de vue

DE LA FILATURE ET DU MOULINAGE.

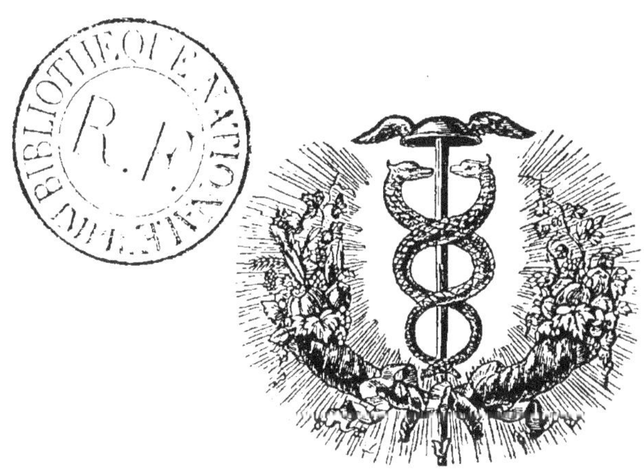

A GRENOBLE,

BARATIER, FRÈRES ET FILS, IMPRIMEURS-LIBRAIRES,
GRAND'RUE, 4.

1850.

GRENOBLE, IMPRIMERIE DE C.-F. BARATIER.

COUP D'ŒIL

sur

LE COMMERCE DES SOIES,

au point de vue

DE LA FILATURE ET DU MOULINAGE.

Monsieur et honorable Ami,

Vous m'avez demandé un aperçu du commerce des soies, tel qu'il se pratique dans nos contrées par les *mouliniers-filateurs*, comme par ceux qui s'occupent uniquement de l'opération du *tirage* des *cocons;* sur ses chances de réussite, ses périls, et en particulier sur la gêne qu'il subit depuis quelques années. Mes faibles connaissances sont celles d'un homme engagé dans la question depuis trente ans, et mû par le désir de bien faire en vue de profits à réaliser, ainsi que des progrès à imprimer à cette brillante industrie, auxquels il a tenté de participer, adoptant les améliorations au fur et à mesure qu'elles se présentaient avec la garantie de l'expérience; tenant compte, autant que possible, des crises éprouvées, pour se mettre en garde contre leur retour, et que vous supposez dès lors en état de répondre convenablement à votre attente. Vous pourriez rencontrer plus de bon vouloir que de véritable science sur une matière très-complexe dont les détails s'étendent à l'infini; toutefois, je ne déclinerai pas la tâche, je l'accepte au contraire, en satisfaisant à votre appel par l'exposé d'une manière de voir qui aura au moins le mérite de la sincérité.

A travers le mouvement industriel qui nous entraîne, il serait intéressant d'examiner les causes qui, en contradiction avec ce besoin fébrile de produire, paraissant devoir amener des bénéfices certains, ont pour résultat ordinaire le malaise, la ruine de la plupart de ceux qui s'y étaient livrés dans l'espoir d'arriver à un bien-être dont ils n'ont entrevu que l'ombre. Il existe là, de toute nécessité, un vice fondamental qui, mis en contact avec le principe d'une activité souvent éclairée, l'oblitère cependant au point de convertir en déception ce qui eût dû devenir le gage d'une prospérité légitime laborieusement conquise.

Le régime sous lequel nous vivons, en consacrant la pratique des libertés légales, apanage de tout individu né ou naturalisé français, a eu pour l'un de ses effets, de surexciter dans les classes de la société vouées au travail des mains, le désir bien naturel d'améliorer leur position, et d'inspirer à chacun la volonté d'exercer pour son compte une profession dont il n'avait été jusqu'alors que l'agent secondaire.

Aussi, nul ne se résigne plus au rôle de simple ouvrier, et à peine sorti d'apprentissage, l'artisan s'improvise chef d'atelier, sans seulement s'aviser de calculer les ressources à l'aide desquelles il soutiendra sa chanceuse émancipation. De là, un mouvement d'affaires, désordonné pour l'ordinaire, reposant, non sur des certitudes, non pas même sur des probabilités admissibles, mais sur la confiance au succès, n'importe comment, pour lequel on s'en rapporte au hasard chargé de faire face à toutes les éventualités.

Il y aurait trop à dire si l'on entreprenait de suivre les branches du commerce dans leurs phases diverses, et d'en fouiller les éléments constitutifs; des volumes n'y suffiraient pas. Ne voulant et ne pouvant tout embrasser, je me bornerai, d'après votre invitation, à l'une des plus importantes qui, au mérite de reposer sur un riche produit agricole de nôtre pays, joint encore celui de développements de fabrication et d'industrie, tels que l'on ne craint pas de la classer parmi les grandes ressources de la FRANCE : j'entends parler de l'art qui s'exerce sur la soie, en le prenant dès son origine, pour le suivre, jusqu'à la confection exclusivement de ces belles étoffes, gloire séculaire de LYON en particulier; de RIVES-DE-GIERS, VIENNE, MONTBRISON, SAINT-CHAMOND, colonies industrielles de l'ancienne ville primatiale des Gaules, sans omettre SAINT-ÉTIENNE, NÎMES, AVIGNON et autres localités qui s'y livrent sur une vaste échelle, avec les modifications sans cesse renaissantes de goûts et de besoins réclamées par les consommateurs de nos départements et de l'étranger.

L'industrie de la soie est sans contredit l'une des plus nationales de notre pays; elle emploie un nombre considérable de bras, et assure le bien-être à vingt départements. « Lyon occupe 50 mille métiers; » Nimes, Avignon, Paris, dans la Picardie, dans la » Moselle et dans le Nord, on en compte environ » 20 mille tissant la soie pure en étoffes de passe- » menteries, et 15 mille tissant la soie mélangée avec » d'autres matières, en diverses étoffes et passemen- » teries. Dans le ressort de Saint-Etienne et Saint- » Chamond, 20 mille métiers sont employés à la » rubannerie de soie. En ne prenant les 15 mille » métiers à mélanger, que comme 10 mille de soie- » ries pures, on trouve 100 mille métiers qui, d'après » des calculs exacts et scrupuleusement contrôlés, » fabriquent en moyenne, les chômages mis en ligne » de compte, chacun 30 kilogrammes de soie par an, » donnant en étoffes, une valeur de 3000 fr. par mé- » tier, ou ensemble, 300 millions, dont moitié pour » l'exportation. Cette somme de 300 millions se com- » pose d'un tiers en bénéfice ou en main-d'œuvre, » répartie entre 200 mille ouvriers, et les deux autres » tiers représentatifs du prix de la matière première. »

Tout a été dit en ce qui concerne le plantement et la direction des mûriers; il serait d'ailleurs hors de mon sujet, et dès lors oiseux de venir à la suite des arboriculteurs distingués qui en ont fait le but de sérieuses études, ainsi que de leur mise en pratique; tout l'a été également sur l'*éducation* des vers à soie, et plusieurs méthodes qui sont en concurrence doivent, de leurs essais comparés, mettre le public à même de se prononcer en faveur de celle qui, eu égard aux lieux, aux conditions de température et de sol, aura été reconnue la meilleure, sans oublier qu'il n'en peut exister d'absolue, les *éducations* du Midi ne devant pas réussir aux mêmes conditions que celles des zones moyennes et du Nord de la FRANCE (1). Je saisis ici l'occasion de rendre hommage à M. Camille BEAUVAIS, cet habile praticien qui, aux *bergeries de Senart*, a donné à l'art du magnanier une impulsion puissante dont il y aurait de l'ingratitude à passer sous silence les fructueux résultats. Homme de dévouement, son nom appuyé dans le temps sur la collaboration de l'illustre DARCET que regrette la science, a droit de figurer parmi ceux des citoyens utiles qui ont bien mérité de la patrie. Ayant aujourd'hui son fils pour auxiliaire, voyons dans cette alliance de deux capacités consanguines qui se communiquent au public dans un cours savamment professé, le gage de progrès croissants dont l'effet sera d'imprimer aux *éducateurs* de vers à soie une marche raisonnée, en quelque sorte certaine, au lieu de la pauvre routine suivie par la majeure partie d'entre eux qui en sont encore à considérer comme un bon rendement 30 ou 40 kilogrammes de *cocons*

---

(1) Voir le petit Traité analytique de l'éducation des vers à soie, que vient de faire paraître M. Duvernay aîné, de la Société d'Agriculture de St-Marcellin, guide excellent, à la portée de tous. Son application introduirait dans nos campagnes des améliorations dont nous éprouvons un si pressant besoin.

obtenus de 31 grammes de graine, tandis qu'en procédant avec règles et calcul, on arriverait certainement à une moyenne de 50.

Les annales de la société séricicole qui a son siége à Paris, rédigées avec tant de distinction par M. Frédéric BOULLENOIS, son secrétaire, demandent à être consultées. C'est une mine féconde dont tout homme de progrès ne peut manquer de retirer d'incontestables avantages; les enseignements qu'il y puisera, mis par lui en pratique, détermineront avec le temps une réforme dans la manière de conduire les *chambrées*, réforme qui ne saurait s'introduire, en grandissant, que par les exemples rapprochés de la théorie. Car le *cultivateur-magnagnier*, quoique stimulé dans son intérêt, ne se décidera jamais à abandonner ses procédés héréditaires, bien qu'il reconnaisse leur infériorité, pour adopter sur parole ce qui, pour lui, est encore l'inconnu ; mais opérez sous ses yeux, à sa porte, et votre réussite finira par triompher d'une abstention méticuleuse qui ne résistera pas à l'empire des faits traduits en récoltes plus sûres, plus abondantes et de meilleure qualité.

« M. le major BRONSKI, *polonais*, que la révolution
» de son pays a jeté sur notre sol, voulant, par un
» travail aussi éclairé qu'utile, perfectionner les vers
» à soie, aura doté sa patrie adoptive d'une race
» nouvelle destinée à l'affranchir des soies blanches
» de CHINE, spécialement employées naguère pour
» *tulles, blondes* et autres articles délicats, auxquels
» le *sina* introduit en FRANCE SOUS LOUIS XVI, peu

» ,,roductif de sa nature, avait suppléé d'une manière
» imparfaite, sa soie fine et très-blanche manquant
» de nerf et de brillant. L'honorable réfugié a su
» conquérir ses lettres de naturalisation par des expé-
» riences poursuivies dix années de suite avec ar-
» deur, et maintenant couronnées du succès le mieux
» constaté. Empruntant au sina sa blancheur ; au
» *cocon* de SYRIE sa richesse soyeuse ; à celui de NOVI
» la forme et la fermeté de son tissu, il est parvenu,
» à l'aide de croisements successifs, à fondre les
» trois races en une seule dont la blancheur et les
» autres qualités surpassent celles de toutes les soies
» connues jusqu'à ce jour. »

Prenant donc la soie à son origine, aux bombyces
convertis en chrysalides à la veille de devenir papil-
lons, et dont le fil léger qui les renferme est livré à
l'industrie manufacturière, pour entrer plus directement en matière sans nous arrêter aux divers modes de *filature à un ou deux bouts, avec ou sans croi-
seurs mécaniques et brise-mariage* CHAMBON ; ajournant
aussi l'examen et l'appréciation de l'ingénieux pro-
cédé auquel M. LOCATELLI (1) a donné son nom, que

(1) Son système que je fus à même de suivre il y a trois ans dans
une *filature* très-bien dirigée, me parut destiné à provoquer de
notables améliorations dans la netteté du *tirage des cocons* et dans
sa plus rendue qui laisse encore tant à désirer avec les méthodes
actuellement suivies, quand on considère que 100 kilogrammes de
cocons non *triés* renferment 12, 13, 14 kilogrammes de soie *brute*,
et que le filateur n'en extrait *net* que de 7 kil. 500 gr. à 8 kil. 500 gr.,
le surplus passant en *douppions*, *estes* ou *friosons*, *rebassinés* et
déchets. Les douppions figurent à raison de 2 1/2 p. 100 qui, ajou-

se passe-t-il en ce moment, et quel est le sort qui attend le simple *filateur* d'une part, et le *moulinier-*

tés à 7 kil. 500 gr. donnent 10 kil., et à 8 kil. 500 gr., 11 kil. Les costes en absorbent de 1 à 3 p. 100, sauf les *rebassinés* et les *déchets* que je mentionne pour mémoire seulement, vu leur insignifiance. Il s'agirait donc d'ajouter à la *soie fine* la majeure partie de ce qui a été converti en *costes*, par la réforme de ces lourdes *escoubettes* en bruyère, à l'aide desquelles les *fileuses battent* ou plutôt *frappent* machinalement leurs *bassinées*, afin d'arriver au *bon bout*, après l'enlèvement de la *bourre*. C'est ce qu'a fait M. Locatelli en substituant à l'*escoubette classique* une sorte de *goupillon* qui *frotte* légèrement les *cocons* par-dessous, sans les *heurter* brusquement, faute malheureusement trop commune dans les *filatures;* d'où la facile conclusion que si d'un côté il se fait beaucoup de *costes* et de *percés*, de l'autre on s'y soustrait en partie; donc moins de *débris* et plus de soie.

Mais l'appareil Locatelli donne lieu à diverses remarques que les praticiens ont faites en le voyant fonctionner. Son *croiseur*, trop compliqué, est sujet à s'embourrer et occasionne des nettoyages fréquents. En outre, comme c'est à la croisade qu'a lieu le premier et le plus grand dégagement de l'eau dont la soie sortant immédiatement de la *bassine* est chargée, la brume abondante qui en résulte retombe sur la *fileuse* assise de face, aussi près que possible, et dont le pied sert de moteur à l'*asple* ou volet sur lequel s'enroule la soie; elle reçoit encore directement celle qui s'échappe par la *tangente* de cet *asple* tournant en sens inverse de ceux des autres *filatures*, à une longueur de bras de l'ouvrière qui accroche elle-même ses bouts. Le *gommage* a légèrement lieu, même par le plus beau temps, et les arêtes trop vives des *bannes* donnent une grande dureté à la portion de la soie qui a posé dessus. Que sera-ce donc dans l'arrière-saison, au milieu des brouillards, de l'humidité, des pluies, où la vapeur de la bassine, du croiseur et du volet, lourde et condensée, reviendra sur la soie encore mouillée pour aller avec aggravation en imprégner la *fileuse* qui ne pourra manquer d'en souffrir beaucoup. La vis de pression destinée à détendre l'asple en laissant courir par son relâchement un des rayons, et glisser une des extrémités du cercle brisé l'une sur l'au-

filateur de l'autre? car il importe de distinguer deux opérations qui, les mêmes en apparence, quant à la *filature* envisagée isolément, diffèrent toutefois essentiellement entre elles à de rares exceptions près, ce qu'on doit considérer comme un malheur d'autant plus grave, que si les uns travaillent pour arriver à la QUANTITÉ avant tout, au grand détriment de la perfectibilité relative dont la soie bien filée serait susceptible; les autres, au contraire, se préoccupent principalement de la QUALITÉ. Ces derniers dépensent donc davantage; mais le *moulinage* soigné qui vient ajouter à son mérite, et le résultat supérieur obtenu sur les métiers du fabricant d'étoffes qui en tient compte, compensent et au delà ce qu'il en a coûté de plus dans le *tirage des gréges* qui sont justement classées parmi les FILATURES D'ORDRE.

Je ne traiterai pas spécialement ici du mécanisme de la filature. Je le répète, de nombreux écrits ont paru sur cette industrie, quelques-uns revêtus d'un nom qui doit faire autorité, celui de M. ROBINET, entre autres, membre de l'Académie de médecine de PARIS, qui le fut du conseil général du département de la Seine, et créateur de la race remarquable du ver à soie *cora*. Pour qui voudra s'instruire, la lecture des diverses brochures qu'il a fait paraître sur

tre pour en réduire la circonférence et faciliter l'enlèvement de la soie, est très-rude à manier, et demande une grande force de poignet accordée à bien peu de fileuses. Nul doute que l'inventeur ne porte un prompt remède à ces petites imperfections faciles du reste à rectifier : ce doit être chose faite maintenant.

la matière, est attrayante par le charme d'une ré-
daction aussi lucide que substantielle, et l'enseigne-
ment qu'il a développé en public pendant quelques
années avec l'élévation de son talent, se trouva mis
à la portée des amateurs de l'art séricicole par l'une
de ses lumières les plus vives.

Prenant donc la soie à sa sortie de la bassine, disons que c'est une erreur de croire qu'en y donnant
même les soins les plus minutieux, on parviendra à
l'obtenir bonne, nerveuse et régulièrement propre,
de *cocons* provenus de vers attaqués de la *muscar-*
dine, ou de toute autre maladie qui, en décimant les
chambrées, a dû forcément altérer plus ou moins les
organes sécréteurs des vers survivants qui auront
donné un fil passable encore, mais nullement com-
parable à ce qu'il aurait été si l'insecte sérifère eût
joui de la plénitude de ses facultés vitales.

Faire filer n'est pas une opération aussi facile qu'on
serait porté à le supposer, si l'on veut obtenir un
produit régulier, bien croisé, sans *mariages*, et aussi
net que possible. Mais la première chose dont il
faille se préoccuper, c'est de l'achat des *cocons* aux
meilleures conditions que faire se pourra. Or, la plaie
qui doit affliger le *filateur, moulinier* ou non, et porter atteinte à la réussite de son rendement, se fait
immédiatement sentir dès l'entrée en campagne. Car,
admettant un nombre moyen de 50 *bassines* chauf-
fées par la vapeur, à alimenter depuis le 15 juin
jusqu'au 15 octobre, durée ordinaire des *filatures*
dans le département de l'Isère, en particulier, l'ap-

provisionnement devra être de **22,500** kilogrammes au moins, et pas un *filateur* n'est à portée de se procurer directement, dans son voisinage, eu égard à ce qui se pratique, cette quantité très-modérée de matière première pour faire fonctionner 50 *bassines* quatre mois durant; il se croit alors obligé de recourir à des *commissionnaires.* Mais que sont ces agents placés entre le propriétaire et le filateur; quelle pensée les anime, quel est leur but? Pourvu que les quintaux se multiplient et viennent grossir leur *recette*, qu'importe la qualité et le prix, du moment que le droit de *commission* est fixe sur les mélanges confondus à dessein, qu'ils fournissent à raison, moyennement de **10** fr. de remise par **100** kilogrammes! Quelques coups de balai donnés en courant à travers les communes productives, dans l'espace de quinze jours, et l'affaire est faite quant à eux, sauf au *filateur* à tirer parti comme il pourra de ces *cocons*, bons, médiocres et mauvais, dont on lui fait subir les derniers en ayant soin de les coter à quelques centimes au-dessous du cours, véritable leurre dont on est convenu de se montrer satisfait, bien qu'il soit démontré que d'un bon *cocon* à un médiocre seulement, il y a parfois moitié et plus de différence, dans la quotité et dans la qualité du produit en *grége;* et que, sur la réduction du prix réel d'achat pour les inférieurs, des *commissionnaires* soient soupçonnés, à tort ou à raison, de s'être ménagé des gains illicites, ce dont je ne m'établis pas juge.

Tout le mal n'est pas encore là; il se trouve empiré par la folle concurrence qui s'établit de *commis-sionnaire* à *commissionnaire;* c'est une question de *masses* qu'ils atteignent, comme il vient d'être exposé, par la promptitude de leurs négociations auprès des *éducateurs*, et en tenant momentanément leurs rivaux à distance au moyen d'étrennes prétendues incomptables, que le filateur qui ne les a pas autorisées, est cependant obligé d'additionner plus tard, afin d'établir son prix de *revient* effectif, car les *étrennes* lui sont dûment passées en compte.

Si seulement on prenait pour base d'opération le cours des soies lors des achats de *cocons;* si l'on avait la prudence de se préoccuper de la marche des affaires sur les places qui fabriquent, de leur avenir probable, de l'étendue approximative des commandes à recevoir d'outre mer et d'ailleurs, du plus ou du moins d'abondance et du prix de la récolte, dans les contrées voisines dont le *décoconage* précoce, en raison des chaleurs hâtives de leur climat, devrait servir de point de départ et de régulateur pour fixer le prix à attribuer aux produits similaires indigènes! mais non : un transport vertigieux semble, au contraire saisir les filateurs qui, sans calculs, sans principes arrêtés, se ruent directement et par leurs délégués sur les *cocons* dont ils tremblent de ne pas pouvoir assez remplir leurs magasins; sans paraître se soucier le moins du monde, il faut le croire, des prix qu'ils y mettent; sans songer si le coût de la soie en provenant, et qui doit comprendre de toute nécessité l'achat des *cocons* augmenté des faux frais, des salaires de *filature*, de l'intérêt moyen de l'argent pour des capitaux engagés depuis le jour des premiers arrivages jusqu'à celui des ventes successives de la soie *grége* ou *ouvrée*; accru sous cette dernière forme d'une aggravation desdits intérêts et de dépenses *d'ouvraison*, ce qui embrasse six à huit mois, terme moyen, sera couvert de façon à assurer un bénéfice quelconque suffisant, pour préserver le négociant aventureux d'une marche rétrograde rapide dont il ne semble pas qu'il ait jamais à se méfier.

Les années 1845 et 1846 offrirent cela de caractérisque qu'en général le *cocon*, particulièrement dans cette seconde année, de qualité inférieure, et faible en quantité, fut cependant payé en hausse sans motif déterminant, lorsque tout aurait dû, bien au contraire, le faire incliner à la baisse, au grand ébahissement, mais à la parfaite satisfaction des propriétaires qui ne craignaient pas d'avouer qu'ils n'auraient pas osé prétendre ce qu'on leur en compta. Pour ne parler que de 1846, il est évident qu'en interrogeant le cours des soies et la probabilité de l'étendue des besoins de la fabrication pendant la campagne close en juin 1847, le kilogramme de *cocons* fut payé de 60 à 70 centimes au delà de ce qu'il aurait été sage d'en consentir. Quand on pense que le rendement courant en *filature d'ordre à la vapeur*, roula, à peu de chose près, pour cette campagne de 1846-47, sur 7 kil. 500 gr. de soie par 100 kil. de *cocons non triés*, il y avait de quoi s'inquiéter des suites de pareils spéculations. 60 c. de plus augmen-

taient la grége de 8 fr., et 70 c. de 9 fr. 33 c. par kilogramme. Comment le fabricant d'étoffes, avec un
courant d'affaires médiocre au dedans et au dehors, ar-
rivant après une crise financière effrénée provoquée
par le jeu sur les actions des chemins de fer, crise qui
se calmait à peine, ou plutôt que continua le malaise général survenu en FRANCE, dont l'exiguité des
ressources en céréales, menaçant de mettre en défaut
l'alimentation de ses habitants, força de tirer de la
POLOGNE et d'autres lieux les grains indispensables
pour parer aux besoins de première nécessité jusqu'à
la moisson suivante ; comment, dis-je, se serait-il dé-
cidé à payer les produit des *filatures* seulement au
prix de revient ! C'était cependant le mieux qu'on
en pouvait espérer; aussi vit-on avec peine le filateur,
dans sa balance de comptes pour 1846-47, réduit à
constater encore des pertes sèches à la suite de celles
qui l'avaient frappé en 1845-46.

La campagne de 1847-48 fut remarquable par la
quantité de ses produits; les cocons rendirent une
soie nerveuse et abondante, bien qu'en général les
vers eussent devancé leurs *mues* (1); mais on les

(1) Quoi qu'en prétendent certains *éducateurs*, et en dehors,
d'ailleurs, du succès comparatif des *éducations*, par le rapproche-
ment de la quantité de graine mise à l'éclosion, avec celle des
cocons obtenus, une *éducation* hâtée qui se motive par le désir
qu'on a de la voir terminée avant les *touffes* de juin, n'en donnera
jamais d'aussi *étoffés* que si les vers eussent vécu leur temps normal,
qui, par une température favorable, paraît devoir être de trente-
cinq jours. On conçoit effectivement que plus ils auront mangé,
plus leurs *réservoirs sérifères* seront approvisionnés; donc, *cocons*

paya trop cher; car, les affaires éprouvant encore l'influence de la gêne des années précédentes, rien ne donnait l'espoir d'un prochain retour d'activité, ni par conséquent d'une recrudescence de commandes à l'intérieur, ou devant venir du dehors. L'état de la politique n'invitait pas à se livrer à des spéculations toujours chanceuses dans leurs résultats.

Qu'a-ce donc été quand le coup de foudre de février 1848 est venu paralyser le crédit, étouffer la confiance, arrêter l'industrie, mettre en fuite le numéraire sans lequel rien n'est réalisable, commercialement, politiquement et socialement parlant! Que les *mouliniers*, que les *filateurs* disent s'ils n'ont pas à regretter amèrement de s'être étourdis dans ces dernières années sur les dangers inévitables provoqués par les prix anormaux mis aux *cocons*, quand le contraire, même en temps calme, aurait déjà dû résulter comme conséquence de leur augmentation productive plus que quintuplée en France depuis quarante ans? C'est une rude épreuve qu'on s'est obstiné à subir, et Dieu veuille que les engagés s'en relèvent en ayant grand soin de recueillir, au moins, les fruits d'une aussi sévère leçon.

mieux *fournis*, plus épais et de nature à produire une soie qui, à la quantité joindra la netteté, la force et le brillant. Abrégez la durée de l'existence du ver à soie, je ne prétends pas qu'on ne réussira point à le mener à bonne fin, mais son enveloppe sera mince, le *brin* ténu, il possédera moins de ressort. La soie obtenue des *cocons dragées*, ceux où elles ne sont pas adhérentes et pouvant se *dépouiller* convenablement, est fine, faible, *bouchonneuse*, et le *moulinier* n'est que trop à même de le constater quand il la monte ur ses *tavelles* de dévidage.

Quel a été le solde de 1848-49 ? Pas de doute que le prix minime des *cocons* de l'avant-dernière récolte n'ait mis les *filateurs* en passe de réaliser des bénéfices; l'élection *présidentielle* du 10 décembre 1848, en réveillant la spéculation, leur vint en aide, et facilita l'écoulement avantageux des *gréges* qui se montrent même prétentieuses, tant il est facile de passer de la crainte à l'espérance, et de se courber aussi aveuglément sous la pression de l'une que sous celle de l'autre! Ce solde, après tout, n'a pas eu à dénoncer d'amères déceptions, sans toutefois qu'il en soit ressorti de gros bénéfices : mais arriver à maintenir l'équilibre, c'était déjà beaucoup, eu égard aux circonstances, et les prudents s'en sont trouvés satisfaits.

La campagne sérifère de 1849-50 a débuté de la plus étrange façon; la récolte n'a été que du tiers de ce qu'on aurait dû réaliser; diverses causes y ont contribué, inutile de les énumérer maintenant. Les prix d'achat se sont immédiatement élevés; et les *filateurs*, en fin d'œuvre, eurent par devers eux des *gréges* qui, en raison de leur mérite subordonné aux divers modes de filature pratiqués, ressortaient, intérêts des fonds engagés compris, entre 55 à 62 fr. le kilogramme. Qu'est-il arrivé? Les fabricants d'étoffes, plus circonspects, mieux inspirés d'habitude que ne l'est la foule aveugle des *filateurs* demeurés sourds, comme par le passé, à leurs avertissements, ne pouvant et ne voulant pas aborder des prix de matière première aussi exagérés, eu égard à la physionomie des affaires, ainsi qu'à leur avenir probable, ont modifié leur tissage en se rabattant sur les soies ordinaires de pays, accrues de celles de l'ITALIE, du LEVANT, de la CHINE; de telle sorte que le *moulinage* a fonctionné sur ces produits, et que les *filatures* en belle qualité, celles dites *soies d'ordre*, en partie invendues, sont en baisse; et pour peu que la nouvelle récolte qui se réalisera d'ici à quelques semaines, donne des résultats satisfaisants, les gréges restantes de 1849, ne se placeront plus qu'avec une perte croissante. Rien ne paraît devoir les relever, elles ne trouvent plus le pair en ce moment. On avait craint le manque de *matière* pour satisfaire aux besoins de la fabrication, et par suite de ce qui vient d'être dit, elle surabonde aujourd'hui. Nonobstant ces rudes enseignements successifs, nous verrons encore nos intrépides *filateurs* pousser à l'exagération du prix des *cocons*, car rien ne les corrige, et ce jeu, coûte que coûte, est devenu pour eux un besoin fiévreux dont ils sont bien décidés à ne pas se sevrer. *Trahit sua quemque voluptas !* La grége est en baisse, et fait digne de remarque, depuis le mois de juin 1849, antérieurement même à la dernière récolte, c'est-à-dire, comparativement à la queue de 1848-49, elle n'a pu s'élever, bien qu'elle ait coûté le double à l'insouciant industriel qui s'est passé la fantaisie de la faire filer.

Les *filateurs*, depuis quelques années, se sont donc maintenus dans la voie qu'ils auraient dû fuir; au lieu de s'obstiner à employer des *commissionnaires*, il faudrait, PAR UN ACCORD INSTINCTIF, BIEN QUE MUET, résultat simultané de leurs intérêts bien compris, les écarter à toujours. Voyez ROMANS, où l'*éducateur* campagnard apporte en ville l'échantillon de sa partie de *cocons* sur le vu, et avec garantie de conformité de laquelle les marchés se traitent presque tous, je dis presque, car même là aussi, la maladie des achats par voie de commission, commence à se faire sentir. Espérons qu'on saura s'arrêter à temps sur une pente perfide, et éviter le piége tendu aux *filatures* par les *filateurs* eux-mêmes. Comment SAINT-MARCELLIN, chef-lieu d'arrondissement, n'est-il pas devenu aussi le centre d'opérations de ce genre; et pourquoi cette persévérance maladroite de nos filateurs de se contrepointer au moyen d'agents *rendus les seuls maîtres d'un prix qui leur importe peu?* Il me paraît démontré que les *filatures d'ordre*, lasses de tant de déceptions, cesseront de fonctionner sur une grande échelle, ou ne se relèveront qu'en recourant à une marche plus rationnelle, dont l'ajournement est rempli de dangers. La campagne de 1847-48 s'ouvrit, c'est un fait constaté, au milieu d'une luxuriance de *cocons* qui semblait être le gage de marchés aussi prompts que faciles à conclure à des taux modérés; eh bien! le *filateur* se livrant d'abord avec ardeur à la formation de son approvisionnement, tombait ensuite en arrêt avec le sentiment fugitif de sa fausse manière d'opérer, pour se jeter de nouveau à travers les alternatives de hausse et de baisse causées par la venue, le départ, les retours de *commissionnaires* s'agitant à diverses reprises dans une arène où tout était devenu confusion. Plusieurs même de ces agents lancés, puis brusquement enrayés dans leurs achats, crurent devoir abandonner des parties de *cocons* sur lesquelles ils avaient engagé parole, ce qui vaut arrhes d'ordinaire entre honnêtes gens ; de telle sorte que le propriétaire, las de se voir balotté, alla offrir sa récolte au rabais sans réussir toujours à la placer. Quelques-uns la firent filer à façon, sauf à aviser au placement de leur soie, plutôt que d'avoir à subir les prix arbitrairement réduits d'acheteurs primitifs se refusant à maintenir, lors de la livraison, ceux qu'ils avaient formellement promis de donner dans le principe où ils considéraient comme un avantage d'être acceptés à l'exclusion de leurs rivaux. La panique amenant le désordre se glissa partout, et les cours oscillèrent au hasard, non sans porter atteinte à la sainteté des engagements verbaux, ce mode général de transactions journellement pratiqué entre le producteur et celui qui achète pour livrer à l'industrie, et fournir à la consommation. Les accords une fois compromis, la confiance disparaît, le crédit tombe, et la plus blâmable anarchie domine là où aurait dû régner une réciprocité de loyale maintenue dans les promesses échangées, triste résultat uniquement motivé par la crainte d'une perte éventuelle à éviter *quand même*, à laquelle on sacrifie son avenir sous prétexte d'un danger incertain.

Il y avait effectivement lieu d'y regarder à deux fois avant que de s'engager dans des achats qui, convertis en soie *grége* ou *ouvrée*, offraient des placements peu avantageux à des époques peu sûres, car l'horizon financier et commercial était loin de se montrer sous un aspect rassurant, ce que le temps a durement démontré depuis. Mais j'évite avec intention d'entrer dans l'exposé de l'état actuel des choses où tout est encore problématique en fait d'industrie et de commerce. Chacun, d'ailleurs, peut, à part soi, interroger le thermomètre politique et en induire les conséquences propres à lui servir de guide. Tout invitait, au contraire, à agir avec prudence, à raisonner le prix des *cocons*, de sorte qu'en fin d'œuvre, il n'y eut pas mécompte. Or, un puissant moyen parmi plusieurs autres, l'une des ancres de salut pour l'avenir, consisterait à supprimer les *commissionnaires*, amenant ainsi naturellement les éducateurs à venir débattre le prix de leur récolte au marché de la ville, point central d'affaires administratives et judiciaires à la portée de tous. Qu'une telle réforme ait lieu, et les *filatures* se ranimeront en se perfectionnant dans nos contrées, dont les soies possèdent des qualités auxquelles la fabrique a depuis longtemps rendu justice. Il est indispensable d'établir nos soies à des taux modérés si l'on veut qu'elles se maintiennent de préférence à celles de l'étranger qui alimentent en partie le *moulinage* français. Les Messine, les Reggio, les Milanaises, les Royales de Naples, dites classiques, sans parler de celles du Levant et de la Chine, furent obtenues dans les six premiers mois de 1847, entre 48 à 54 fr. le kilogramme. quand des filatures à la vapeur ordinaires de pays rencontraient de résolus preneurs à 68 fr. Et qu'on ne vienne pas avancer que dire soie d'Italie c'est toujours désigner une mauvaise soie, il y aurait erreur; ce serait comme si, par contre, toutes nos *filatures à la vapeur* élevaient la prétention de livrer au *moulinage* des *gréges d'ordre*, quand, expérience faite, le contraire se trouve démontré chaque jour. Là et ailleurs il y a des choix à faire; à côté de *gréges* étrangères bien au-dessous du médiocre, détestables même, *balles* composées comme chez nous de *paquetailles* de tous titres, de toutes provenances, il s'en rencontre de fort bonnes, parfaitement *suivies*, se dévidant avec facilité, et n'occasionnant avec les liens, pas plus, et souvent moins de 5 p. 100 de déchet, lorsque de PRÉTENDUES FILATURES SUPÉRIEURES FRANÇAISES en donnent 8, 9 et au delà dus en partie, signalons-le, à une *humidité* ET A DES ATTACHES SOIGNEUSEMENT CALCULÉES POUR LA VENTE. Un défaut particulier aux soies d'Italie, c'est l'*émouchetage* que des avis répétés auront bientôt fait disparaître, on l'espère, dans l'intérêt réciproque des vendeurs et des acheteurs.

A l'avantage du propriétaire, du filateur, du moulinier, du fabricant, comme au profit de la consommation, et pour le maintien de la gloire productive de l'industrie nationale, ramenons les *cocons* à des prix équitables tels, que les produits indigènes se trouvent affranchis sans perte d'une concurrence qui finirait par avoir des suites désastreuses.

Si de la *filature* ou *tirage des cocons en gréges*, nous passons aux soies *ouvrées* pour *crêpes*, *trames* et *organsins*, continuant ainsi de répondre aux questions primitivement posées, il se présente un ordre de faits régulier en apparence, bien qu'au fond les vices inhérents aux *filatures* y exercent une action dissolvante à ce point, qu'il est admis, en thèse générale, qu'un *moulinier* entré dans la carrière ne possédant presque en propre que son désir de bien faire, a la certitude, si peu surtout qu'il y joigne une *filature*, de consommer sa ruine au bout d'un temps d'exercice qu'il lui serait facile de déterminer, s'il en avait la salutaire pensée, par l'examen sérieux du peu de ressources dont il disposait en débutant. Il a bien vite reconnu que le crédit use car il coûte, et que d'en faire l'unique point d'appui de ses opérations c'est bâtir sur un sol mouvant dont il aurait dû se méfier. Quelques-uns, en bien petit nombre, ont réussi, ou se sont au moins soutenus, *Apparent rari nantes;* encore cela a-t-il dépendu de moyens puisés en dehors de leur industrie proprement dite. Et cependant, bon an, mal an, il y a plutôt bénéfice que perte intrinsèque à faire fonctionner une fabrique de *moulinage*. Le capital primitif qu'on y a consacré peut même grandir, mais à l'expresse condition de vivre en tout et pour tout de la vie de l'ouvrier.

Oui, l'homme, maître de l'usine qu'il occupe, pourra espérer d'ajouter quelque chose à son avoir,

après une pratique longue, prudente, économique,
je dirai même parcimonieuse; qu'il soit alors son seul
directeur, son seul chef d'atelier; qu'il mette résolu-
ment la main à l'œuvre; qu'il surveille sans cesse les
apprêts dans leurs maniements divers, et qu'il se pé-
nètre avant tout de cette vérité fondamentale, que
du plus ou du moins de déchets au *dévidage*, ressortira le gain ou la perte, indépendamment du mérite
de l'*ouvraison*, et de l'estime dont jouira sa *marque*
sur les places où elle est employée. Si, parti d'un peu
haut, socialement parlant, ce qui, en industrie où
l'on ne doit négliger aucuns détails, est loin d'être
un avantage, car les exigences de la tenue et du vivre
demandent à être satisfaits en raison du *milieu* dans
lequel on a été placé par le sort, le propriétaire de
fabrique se borne à embrasser ses travaux dans leur
ensemble pour en confier le *menu* à un contre-maître, que son œil soit toujours ouvert; la probité ad-
mise, il lui faudra, nonobstant cette garantie essen-
tielle, stimuler sans relâche l'ardeur d'un agent qui,
certain de toucher son traitement mensuel, n'aura
qu'un intérêt secondaire à suivre scrupuleusement
l'entretien, l'*ouvraison*, les déchets, sans trop en calculer les conséquences bonnes ou mauvaises, et selon
que son zèle à remplir ses devoirs et à justifier la
confiance dont il est investi, l'aura plus ou moins
inspiré. Echapper aux reproches qui seraient amenés
par des négligences trop matérielles, tel est surtout
le but du contre-maître pour lequel la considération
des bénéfices du patron n'est qu'accessoire; tout au

plus les comprend-il én les souhaitant (je parle en général), mais sans s'y arrêter, et sans songer sérieusement à les faire naître par un redoublement d'activité dont peu de sujets possèdent le don. Il existe cependant un moyen propre à porter remède à cette apathie pernicieuse : qu'on lui accorde, après *sa mesure de bon vouloir, de zèle, d'intelligence exactement prise*, un droit proportionnel dans les profits nets causés par toutes les soies qu'il aura *montées*, c'est une question de temps ; alors son bénéfice se liant à celui du chef de maison, le désir d'obtenir un *boni* légitime en surcroît de traitement, deviendra le gage le plus sûr de sa vigilante sollicitude ; il cherchera naturellement à bien faire avec économie ; travaillant en participation, les résultats pourront être rendus satisfaisants.

Mais la question vitale n'est pas encore là, et la rareté de ceux qui ont réussi dans la *filature* et dans l'*ouvraison* des soies, veut être expliquée en signalant la cause fondamentale du succès de quelques-uns et de la déconvenue du plus grand nombre.

La vanité, c'est chose connue, sert de mobile aux actions des hommes ; on a foi en ses moyens, on se fie à son adresse, sans seulement paraître se douter qu'en tout il y a souvent moins de savoir faire que de bonheur ; et quelle que soit la carrière qu'on a embrassée, on tient à paraître et à éblouir. L'apparence de la fortune séduit la foule, elle énivre celui qui est censé la posséder et qui se fait illusion à la vue du numéraire qui, par le crédit, afflue momentanément dans sa caisse. On suit cette lueur trompeuse, on s'y endort sans penser au réveil qui vient saisir à l'improviste, quand la moindre bourrasque commerciale se déclare, et frappe l'industriel à l'étonnement du public, parfois même de l'imprudente victime qui, habituée jusqu'alors à trouver des ressources journalières, ne s'est jamais tenue en garde contre un règlement de compte obligatoire à bref délai, qui met à nu une situation dont le passif déborde l'actif.

Un acte étrange se reproduit régulièrement chaque année sans que ses conséquences aient jamais pu faire ouvrir les yeux aux *mouliniers-filateurs*, qui s'en rendent eux-mêmes victimes. Comme d'habitude, les *gréges* leur ayant coûté cher par suite du prix qu'ils ont bien voulu mettre aux *cocons*, leurs *ouvrées* sont hors de proportion avec le cours régnant sur les places de fabrication ; en les expédiant, ils recommandent formellement d'en ajourner la vente, et d'attendre pour la consommer une élévation de valeur qui trop souvent n'arrive pas. Alors, en avril, à la veille de l'éclosion des vers à soie, ils prennent leur grande résolution, et *rendant tout d'un coup la main*, ils poussent à la vente avec une vivacité telle, que par le fait seul de cette impatience irréfléchie, ils provoquent la baisse de leur marchandise, ce qui a lieu aujourd'hui, bien que les métiers *lyonnais* travaillent sur un courant passable. Se déchirant les entrailles de leurs propres mains, ils se consolent par l'idée qu'ils sauront se rattraper sur la nouvelle *filature* qui approche; les opérations menées à si bonne fin dans les années précédentes en sont la garantie, sans doute! ne s'avisant pas de reconnaître que cette dépréciation des *ouvrées* est leur œuvre; qu'elle a lieu en dehors de la marche des affaires; qu'ils tournent dans un cercle vicieux qui les entraîne fatalement à leur ruine. Certes, LYON ne se fait pas faute d'adresser régulièrement au *moulinage* et à la *filature* de salutaires et fréquents avertissements à cet égard, mais ce sont des voix qui crient dans le désert, et le *moulinier*, ainsi que le *filateur*, y apportent la même indocilité obtuse que dans l'achat des *cocons*. Et nous nous disons négociants, et nous émettons magistralement des opinions sur le commerce, sur la carrière si brillante parfois de l'industrie quand elle repose en des mains habiles! Allons donc! nous ne sommes que des *bousilleurs* d'affaires, sans plus. Négociants! connaissons-nous bien la portée de cette qualification ? Je l'accorde à celui qui, actif, intelligent, possédant un esprit d'ordre et de conduite avec de l'argent à lui, s'inspirera de la nature des choses, des temps, des besoins du jour, de ceux présumés de l'avenir, de l'allure des transactions intérieures et extérieures, du crédit, de l'abondance du numéraire, de son judicieux emploi; oui, cet homme est négociant, il a droit à mon estime, à ma confiance, il mérite le succès, il honore son pays. Mais l'aventureux qui se lance tête baissée à travers un courant qu'il ne connaît pas, ne daignant pas même l'apprécier et le juger après en avoir sondé au préalable les profondeurs, interrogé les écueils; qui achète et vend au hasard, et qui de ce jeu qu'il semble avoir pris à tâche de brouiller, s'imagine faire surgir la fortune; non, ce ne sera jamais un négociant, c'est tout simplement un *bousilleur*, je le répète, qui gâte l'industrie qu'il prétend exercer. Soyez donc avides de prospérité avec une telle manière de conduire votre barque! Ne voyez-vous pas que la réussite serait une anomalie! Vouloir édifier un bâtiment sans en arrêter d'abord les bases, sans règles sans mesure, en lançant des matériaux pêle-mêle, conduirait à l'amoncellement d'une ruine élevée à grands frais : telle est votre œuvre et pas autre chose; dites s'il vous convient d'y persévérer ?

Combien de commerçants qui reconnaissent qu'ils vont à la dérive n'ont pas osé se liquider à temps, quand d'autres mieux inspirés, que je pourrais citer comme ayant appartenu à diverses industries, sentant venir le danger, ont su se résoudre à entrer dans cette voie de salut! C'est qu'après tout il est dur de subir les interprétations erronnées, mensongères, hostiles, souvent auxquelles on s'expose en prenant un parti vigoureux que le public envisage d'abord comme un aveu de ruine imminente, sauf à y reconnaître postérieurement et à approuver la loyale prudence du chef de maison qui n'a pas craint de s'infliger un déboire passager pour assurer l'avenir de sa famille en maintenant l'honneur de son nom. C'est que l'amour-propre redoute de donner à penser que l'on s'arrête faute de crédit et d'argent; c'est qu'avec cette fausse manière d'envisager ses intérêts, on rend certaine une catastrophe qui aurait été conjurée par une retraite ménagée à propos; c'est que ne sait pas vouloir qui ne demanderait pas mieux de le faire, s'il en possédait le courage : *Meliora probo, deteriora sequor!* Et pourtant quoi de plus louable que de se soustraire aux périls d'une mer fertile en naufrages, et rentré dans le port, de se reposer sur une modeste fortune que l'on eut la légitime ambition d'accroître, mais qui, n'ayant pu surmonter les difficultés aléatoires si fréquentes au milieu des épreuves commerciales dans lesquelles on l'avait engagée, concentrée désormais en elle-même, consolerait si bien des rêves de prospérité évanouis, et des sottes interprétations de la malignité, avec la douce pensée d'avoir procuré des moyens d'existence à de laborieux ouvriers des deux sexes dont les ressources reposent uniquement sur leur travail de chaque jour. Ayant pratiqué ainsi le SOCIALISME sincère, moral, celui des honnêtes gens enseigné par l'évangile, le seul bon enfin, auquel l'homme sensé aura toujours à cœur de participer dans l'étendue de ses moyens de fortune, sachant même s'imposer des privations aux moments d'épreuves pour donner de l'occupation à ceux qui en éprouvent la nécessité.

Deux chemins peuvent mener à la fortune : l'un frayé, large, facile et le plus court, que pratique la foule. Afin de l'utiliser, il s'agit d'avoir uniquement son intérêt en vue, en écartant d'importuns scrupules sur la nature des moyens à employer. Pour cette trop nombreuse classe d'industriels, le vrai mérite consiste à savoir amasser. L'art de gagner, n'importe comment, c'est toute leur capacité, toute leur intelligence; le talent est là, le profit seul a droit d'estime; LEUR DIEU C'EST L'ARGENT, et CELUI que nous avons appris à reconnaître pour le véritable ne convient, à les en croire, qu'aux femmes, à l'enfance, aux mourants qui se débattent dans les transes d'une dernière agonie; à chacun son culte. Possédant une conscience éminemment élastique, ils ne craindront pas, le cas échéant, de ressauter sur des marchés d'abord engagés comme bons pour eux, mais bientôt abandonnés sans vergogne, si l'espoir du bénéfice se trouve remplacé par l'éventualité de pertes à éprouver. Qu'on n'en infère pas, cependant, qu'il y aura toujours certitude de prospérer en agissant de la sorte; car, malgré les probabilités de succès qui sont seulement plus nombreuses et plus grandes, de fréquents mécomptes témoignent que les *écumeurs* du commerce ont aussi leurs jours de malheur. Qu'on ne s'y trompe pas, ces gagneurs d'écus, esprits forts au petit pied, qui semblent dire : si je vis et prospère à l'aide de moyens indélicats, je ferai en sorte de mourir vertueux, luttent sans relâche contre les étreintes du doute importun sur lequel ils cherchent à s'étourdir, pour arriver, à leurs derniers moments, à une velléité de retour sur eux-mêmes, à l'aide duquel ils s'imaginent pouvoir racheter les actes blâmables d'une existence dont la déloyauté les poigne alors, avec le remords tardif d'avoir sacrifié l'équité à des intérêts dont ils lèguent toutefois les fruits à leur famille qui, complice ou non d'une prospérité mal acquise, en jouit paisiblement à son tour sous la garantie du droit d'héritage qui en purifie pour elle l'origine.

L'autre voie est rude, étroite, longue; elle se parcourt lentement, laborieusement, avec les inspirations d'une conscience, rigide ennemie de capitulations équivoques, esclave de ses engagements, même verbaux, avec cette persuasion que la bonne foi fait la sécurité et la réussite des transactions commerciales. Il se peut que sous son influence *candide*, l'on atteigne heureusement le terme d'une estimable et productive carrière, c'est alors l'œuvre des années. Il se peut aussi que l'on échoue; réussite ou non, n'importe, c'est cette dernière voie qu'on doit suivre; car, en définitive, si elle ne procure pas les richesses, elle conserve l'honneur, le grandit, et le calme de l'âme dont on savoure les douces jouissances est encore le premier des biens.

Quel que soit le genre de commerce adopté, il faut donc posséder au départ un élément positif, je veux dire le capital de roulement auquel on subordonnera l'étendue de ses affaires. Mais si, n'ayant pas ce capital à soi, on va l'emprunter à la banque, ou même à des dépôts qui sont moins chers, il est comme certain qu'à la suite de laborieuses épreuves, les intérêts des fonds d'autrui, les frais de toute nature, les dépenses obligatoires du vivre, de l'entretien, des impositions, les pertes imprévues, les chômages, le prix de ferme de l'usine si l'on est seulement locataire, les crises commerciales et politiques, les unes provoquant toujours les autres, auront déterminé une situation bientôt tellement compromise, que force sera de s'arrêter pour liquider, sans avoir même trop souvent la consolation de pouvoir le faire intégralement.

On se plaint du fabricant LYONNAIS qui, dans ses rapports avec les *mouliniers* a su se ménager des avantages tels que ces derniers ont beau s'ingénier, ils ne parviendront jamais, sous le régime auquel les soies *conditionnées* sont actuellement soumises, à se soutenir là où l'acheteur de *trame* et d'*organsin* a pour lui des garanties qui manquent au *moulinier* dont les intérêts, dans une discussion réglementaire convertie en ordonnance qui a maintenant force de loi, n'ont été ni assez consultés, ni représentés réellement au préalable, sans autre raison à produire que la prédominance du fabricant qui était à la fois juge et partie au procès qu'il a fait vider commodément chez lui.

Ces plaintes ne sont que trop fondées. N'est-ce pas une injustice que d'astreindre les produits du *moulinage* à des obligations d'autant plus rigoureuses que rien n'est offert, par contre, pour les balancer, et rendre proportionnellement équitables les transactions qui interviennent entre le tisseur et les premiers, et indispensables manipulateurs du fil précieux obtenu des cocons? Les soies *ouvrées*, au moment d'en consommer la vente, sont *conditionnées* à Lyon et sur nos autres grands marchés. Rien de mieux, quant au principe, rien de mieux aussi dans son application dès qu'elle aura cessé d'être inégalement pratiquée, car les *filateurs* sont fortement opposés à ce que leurs *gréges*, au moment où ils en consentent la vente aux *mouliniers,* subissent aussi une épreuve qui serait cependant de rigoureuse justice; pourquoi ne pas leur appliquer l'ordonnance de *conditionnement*, dont les *mouliniers* subissent les conséquences ?

On a hautement articulé, et le fait est matériellement vrai, que le mode de *dessication à l'absolu*, en restituant au poids ainsi éprouvé et réduit, 11 pour 100, soit disant représentatifs du degré moyen d'humidité de la soie dans son état normal, était erroné, et dès lors préjudiciable au *moulinage*, ce qui sera de suite compris, car il est avéré qu'éminemment hygrométrique de sa nature, elle peut, par une température donnée, s'imbiber jusqu'à 33 pour 100 de son poids. Prenez une suite quelconque de bulletins de la *condition* et vous aurez la preuve qu'elle fait subir au *moulinier* une perte réelle de 1 1/2 à 2 pour 100. Les *gréges* qu'il reçoit sont loin d'être toutes *conditionnées* aussi à leur tour, ce à quoi il lui est de toute impossibilité de porter remède, tant qu'une législation spéciale n'en aura pas imposé l'obligation, et l'humidité qu'elles contiennent, souvent avec excès, retombe à sa charge. Quelque expérimenté qu'il soit, il est hors d'état de l'évaluer par approximation et d'en arbitrer contradictoirement la quantité réductible. Il plie sa soie *ouvrée*, l'emballe, la *bille*, l'expédie par toute température, sèche, moyenne, humide; il est dès lors notoire qu'elle ne peut TOUJOURS contenir un excédant d'humidité. C'est cependant ce qui résulte, bon gré mal gré, de la *condition* qui constate presque invariablement une diminution de poids de laquelle on est rigoureusement en droit de conclure que ce n'est pas 11, mais bien 12 1/2 p. 100, au moins, qu'il y aurait à restituer, afin de ramener le poids à son expression rationnelle, c'est-à-dire, à l'état normal de la soie par un temps ordinaire.

En outre, pourquoi ces marchés à des prix nominaux qui, pour devenir effectifs, ont à supporter de prime-abord la réduction oiseusement traditionnelle de 12 1/2 p. 100 que rien ne motive maintenant, suivie de celle de 3 p. 100 qui, elle, s'explique comme recouvrant la *commission ducroire et courtage?* Il faut dire, il est vrai, depuis 1848, non plus 3 mais 4 p. 100 que Messieurs les marchands de soie, autrement, *commissionnaires en soie*, exigent en alléguant la difficulté des affaires devenues plus chanceuses; comme si le *moulinier*, par une faveur spéciale, se trouvait soumis à des influences meilleures! Tous ne l'exigent pas, et si la plupart sont tombés d'accord sur ce point, quelques-uns, plus équitables, n'y ont point acquiescé. Vient ensuite l'acquit du prix de la vente supposée faite au *comptant*, cause originelle du 12 1/2 p. 100, déjà mentionné et devenu sans portée, puisque le *comptant*, renvoyé primitivement à trente jour, ensuite à quarante-cinq, l'est à soixante-dix, avec menace d'y ajouter avant qu'il soit longtemps. Il est de toute évidence que si la fabrique d'étoffes a pris ses sûretés et ses aises, le malheureux *moulinier* en est encore à revendiquer les siennes, et qu'il a été sacrifié aux convenances intéressées du metteur en œuvre de ses produits. Qu'en induire autre chose sinon que le régime des ordonnances spéciales, au lieu de continuer d'être exclusivement appliqué au profit seul du fabricant de LYON, et d'ailleurs, devrait embrasser l'industrie sérifère dans son ensemble, et équilibrer entre elles des relations qui existent actuellement sur des bases fautives, de l'*éducateur* à celui qui file les *cocons*, du *moulinier* au *fabricant* d'étoffes, sans oublier les nombreux artisants des deux sexes dont l'existence repose sur la *filature*, le *moulinage*, et sur le jeu incessant de la *navette*. C'est toute une législation à créer, je le sais, mais elle est due depuis qu'on a jugé à propos de sauvegarder les uns en immolant de fait les autres. Qu'on retourne la question comme bon il plaira, toujours est-il qu'on voit fonctionner à l'avantage de ceux-ci des *priviléges* qui, forcément, sont onéreux à ceux-là devenus les *bêtes de somme* d'une industrie dont la nationalité mériterait d'être soutenue.

COLBERT, le digne et grand ministre d'un grand Roi, le comprit si bien qu'il multiplia les récompenses afin d'encourager la culture du mûrier sur notre sol, le filage des *cocons*, et les diverses ouvraisons des *gréges*. Dans le but d'attirer les ouvriers LOMBARDS réputés de son temps pour exceller dans la confec-

tion des étoffes de soie dont il avait à cœur de doter
la FRANCE, il leur fit obtenir de nombreux avantages.
LOUIS XIV qui a légué son nom au xviie siècle, en-
richi de tant d'illustrations pendant un règne de
soixante-douze années devenu l'une des impérissa-
bles pages de notre histoire, doué du sentiment des
œuvres qui élèvent l'esprit, développent le talent, provoquent le génie, ainsi que de celui des choses utiles
que le public apprécie avec raison, sut reconnaître
que le mérite est de tous les états, et que le monar-
que qui le distingue ajoute à sa grandeur personnelle.
Il annoblit, à une époque où l'on attachait beaucoup
de prix à cette distinction, les tisseurs d'étoffes de
soie qui, venus chez nous, s'y fixeraient en continuant d'exercer leur art. Combien de familles dans
nos contrées dont l'arbre généalogique, *empruntant
ses greffes au mûrier*, remonte à cette époque? Avant
1789, LOUIS XVI octroya à la recommandable maison
JUBIÉ, de la SÔNE, des primes annuelles et des lettres
de noblesse en faveur de son *organsinage progressif*
à la VAUCANSON.

Quoi de plus largement et de mieux conçu dans
les temps modernes, que l'ORDRE DE LA LÉGION D'HON-
NEUR, cette haute récompense morale commune à
l'armée, au clergé, à la magistrature, aux adminis-
trations, à la science, à l'industrie, au commerce,
aux arts! car tous les mérites sont frères, tous sont
honorables, et NAPOLÉON qui certes fut GRAND, et
TRÈS-GRAND aussi, décorant jusqu'à l'homme utile le
plus modestement obscur, les réunit dans ses vastes

conceptions qui ne firent défaut à rien de ce qui tend à glorifier l'humanité.

On accuse en outre les rapports obligatoires qui lient le *moulinier* au *commissionnaire*, autrement dit *marchand de soie, banquier* pour sa spécialité, d'être dur au premier; mais ici, d'après une pratique de tout à l'heure trente ans, je soutiens, sauf le 4 p. 100 exigé depuis 1848, qu'il y a habituellement injustice et fausse appréciation de la nature de ces rapports, ce que je vais expliquer sans crainte d'être sérieusement démenti, car je ne prétends pas qu'il n'y ait point d'exceptions que j'admets au contraire, et dont plusieurs exemples me reviendraient en mémoire s'il en était besoin.

Un *moulinier* entre dans les affaires n'ayant, le plus souvent, comme nous l'avons déjà mentionné, que pas ou peu de capitaux à lui; il s'adresse à une maison de *marchands de soie* bien famée, et sur son premier *ballot* à expédier elle lui consent quelques avances. Le temps marche, la fabrique de *moulinage* travaille, le besoin d'argent se fait sentir chaque jour. Le *moulinier* expédie dans l'intervalle, et fournit des traites imputables au prix des *ballots* déjà livrés ou à livrer, destinés à couvrir le banquier de la ville voisine de son établissement qui lui remet des espèces contre du papier à un, deux et trois mois de terme. Il arrive d'ordinaire que les ventes n'ont pas lieu à commandement, et cependant la maison correspondante qui n'a rien négligé pour en amener la réalisation, règle ses comptes courants tous les six mois,

...se a son *avoir* les intérêts accrus de la provi-
sion de banque, et le *doit* du *moulinier* va se grossis-
sant malgré le rendu des *ballots* qui ont eu préalable-
ment à subir les réductions suivantes que je crois
utile de reproduire, car elles sont explicatives :

1° Celle de 12 1/2 p. °/₀;

2° Celle de 4 p. °/₀ de *commission de ducroire et courtage*, puisqu'il faut se résigner à subir ce surcroît de
charge imposé léoninement depuis février 1848 ;

3° Celle des frais de transport, de *condition*, d'as-
surance contre l'incendie, comme si pour cette dernière imputation, la *commission*, le *ducroire et courtage* n'étaient pas implicitement la garantie de toutes
les éventualités pouvant surgir dans la marche cou-
rante des choses ;

4° Celle de l'attermoiement du comptant net, qui
est acquis en définitive au *moulinier* qui a vécu dessus
par anticipation, après soixante-dix jours de celui de
la vente effectuée, et trois, six, même dix mois et plus
de l'expédition de la marchandise en temps ordinaire,
abstraction faite de toute perturbation financière et
politique.

On peut se traîner péniblement, pendant plusieurs
années, à travers ces difficultés, mais sans qu'on soit
fondé à incriminer la manière de faire du *marchand
de soie* qui a agi suivant son droit, tout en sachant,
dans plus d'une circonstance, se montrer serviable
de fait, et prodigue d'excellents conseils dont on n'a
pas jugé à propos de profiter.

Arrive enfin le moment où, pour aborder une liquidation devenue d'autant plus urgente que l'on est entré plus avant dans les dettes progressives, on fait cession de biens à ses créanciers qui tirent parti comme ils peuvent de débris meubles et immeubles dont ils sont forcés de se contenter, faute de mieux. Mais que l'émeute surgisse, qu'un détournement considérable de capitaux engagés dans les actions sur les chemins de fer, par exemple, ou n'importe quelle autre cause majeure de trouble commercial vienne à se produire, le *moulinier* n'aura plus qu'à se résigner à une déconfiture immédiate que nulle puissance ne parviendrait à lui faire éviter ; car, d'ajournements, il n'en peut maintenant être question, son crédit est éteint, la mesure est comble ; acculé dans une impasse, il doit succomber, sans autre espoir, en ce moment suprême, que d'amener ses créanciers à composer amiablement avec lui.

Plusieurs sont organisés pour le succès dans telle ou telle carrière ; quelques-uns, en particulier, auront de l'aptitude pour la mécanique, disposition heureuse quand surtout elle est jointe à une fortune déjà faite ; autrement que l'on se défie de ses dangereux entraînements. Le propre de celui qui s'y livre c'est de vouloir perfectionner sans cesse en simplifiant ; louable désir ! car son invention doit tourner au profit de la société, mais avec l'inconvénient de ruiner d'habitude l'inventeur qui, par de nombreux sacrifices, sera parvenu à faire progresser l'industrie ; c'est le *sic vos non vobis !* En principe, que le moulinier dont les gains sont si bornés, si aventurés, si problématiques parfois, se tienne en garde contre tout perfectionnement, quelque peu coûteux qu'il paraisse; car, de modifications en modifications, il aurait bientôt dépensé un argent qu'il eût plus fructueusement employé dans son roulement commercial. N'est-il pas toujours à temps d'adopter les procédés qui, expérimentés par d'autres, et devenus la propriété du public, affranchissent d'une foule de tâtonnements, de beaucoup de dépense, et ont été rendus avec le temps faciles et économiques à établir? N'arrive-t-il pas encore qu'une découverte précieuse pour l'art, avantageuse à l'industrie, est disputée à son légitime auteur jusqu'à lui en faire perdre les fruits!

Tel homme, probe, capable, rangé, aura consumé sa vie dans l'exercice de l'*ouvraison* des soies pour son compte, y réunissant le *tirage des cocons* afin d'établir des produits meilleurs, d'un placement plus avantageux, revêtus d'une marque de confiance justement acquise, et il se verra contraint de cesser faute de ressources; présentant une situation d'autant plus affligeante, qu'à l'examen, il en ressortira la preuve que, malgré le désir consciencieux de bien faire, malgré ses connaissances spéciales, il s'est inutilement raidi avec courage et loyauté contre les difficultés d'une industrie qu'un fatal concours de circonstances ne lui a pas permis de surmonter. Il lui restera l'estime, il est vrai, de ceux qui l'auront pratiqué et connu; triste, bien que consolant résultat, quand la gêne la plus absolue ne s'y trouve pas jointe, sans qu'il ait à songer d'en sortir par une reprise d'affaires viciées dans leur source. Certes, cet homme est à plaindre, car de longues années passées dans les tribulations d'une carrière ingrate, auraient dû, si cette carrière eût été convenablement réglementée, avec quelques capitaux et l'aptitude industrielle dont il était doué, le conduire à l'aisance en vue de laquelle il a épuisé ses moyens. Soyons justes, au moins, envers celui qui ayant tenté le succès est tombé, l'honneur sauf, victime d'un état de choses où tant d'habiles succombent.

De ce qui précède, savoir que le *moulinier-filateur*, travaillé d'un côté par les *commissionnaires de cocons*, de l'autre par les négociants qui emploient ses ballots arrivés jusqu'à eux par l'entremise obligatoire des *marchands de soie ;* n'étant libre ni dans l'achat des matières premières, ni dans la vente des soies *ouvrées* soumises à un *conditionnement* exagéré, *ouvrées* qui se composent en partie de *gréges* dont l'humide n'a pu être convenablement évalué ni déduit; forcé d'accepter des prix qu'il n'a pas débattus, ayant à subir des escomptes, à servir des intérêts, à supporter une foule de frais journaliers, à pourvoir aux besoins de sa famille; en un mot, à faire face à ses dépenses obligatoires avec les produits de ventes, crédités à long terme, il est notoire qu'à la suite d'une vie laborieuse, semée de soucis, il ne recueillera que pauvreté. Ses aspirations de fortune n'auront été qu'un mirage à la décevance duquel un peu de réflexion aurait pourtant dû le soustraire ; car, ayant débuté sans capitaux suffisants, il était en quelque sorte impossible, à moins de l'un de ces miracles de réussite comme il en apparaît de loin en loin, que de son activité seule sortît le succès, *ex nihilo nihil!*

La conclusion est simple, Monsieur, je dirai à celui qui veut se lancer dans l'industrie des soies: n'entreprenez ce commerce scabreux qu'avec des fonds de roulement bien à vous, et sévèrement administrés; ayant adopté le *moulinage*, avec ou sans *filature*, soyez maître autant qu'il est donné à l'homme prudent de l'être, de vos achats et de vos ventes; sachez vous arrêter quand l'horizon se couvre de nuages gros de tempêtes; et si, expérience faite, bon an mal an, comme nous l'avons fait observer, vous avez réussi à effectuer des bénéfices susceptibles tout au plus de balancer vos dépenses courantes réduites aussi scrupuleusement que possible, ayez le bon esprit, surtout n'étant que fermier de l'usine, de laisser là un métier où de minces profits sont loin de compenser les inquiétudes et les chances d'une position rigoureusement passable, mais qu'un rien pourrait compromettre. Si vous tenez cependant à utiliser cette usine, quand elle vous appartient, et qui dépérirait par le fait d'une stagnation indéfinie, modifiez alors la nature de vos affaires, et renfermé dans les limites d'une sage transaction avec vous-même, travaillez des *ouvrées à grande façon* pour compte de divers, état modeste, dans lequel il y a moins à redouter de ces houles commerciales dont les brusques péripéties mettent trop souvent en défaut les intelligences les mieux exercées. Ayez soin que les liens qui, dans ce nouveau mode de relations, vous uniront avec le bailleur quelconque de *gréges à ouvrer*, ne soient pas de nature à dûrement garotter l'un pour rester faciles à l'autre; car c'est ce qui a lieu quelquefois au préjudice du *moulinier* qui, s'il n'est que fermier surtout, sera mis bientôt dans l'impossibilité de se soutenir longtemps, exposé qu'il est à travailler avec perte, ce qui se démontrera sans peine si l'on veut suivre les détails rigoureusement exacts de l'aperçu que je vais présenter, afin de dissiper, s'il est possible, toute illusion pour ou contre, dont la conséquence serait de nuire aux négociations loyales qu'il s'agirait d'engager entre le *moulinier* et les détenteurs de gréges à *ouvrer*.

Prenant donc comme terme de comparaison une fabrique susceptible d'*organsiser* 200 kilogrammes par mois, convenus à 10 fr. l'un, *grande façon*, c'est-à-dire, les *déchets* à la charge du chef d'atelier et constatés après *conditionnement*, pour être remboursés par lui au bailleur de soie au prix de revient, que je supposerai, en moyenne, de 50 fr. le kilogramme, soit en *grége* remise non *conditionnée* et avec ses *liens*,

2400 kil. par an, à 10 f. l'un, donnent 24,000 f. » c.

8 p. º/₀ de déchets à 50 f. l'un, ci . . . . 9,600 f.

Frais de fabrique, comme patente, éclairage, chauf-

—————————

9,600 f.   24,000 f. » c.

<pre>
                              Report. . 24,000 f. » c.
              Report. .   9,600 f.⎫
fage, entretien, literie, cor-   ⎪
respondance, salaires, em-   ⎬ 22,800   »
ballages, voitures, ci. . . . 10,800   ⎪
      Loyer d'un an . . . . . . 2,400 ⎭
                              ─────────────────────
              Différence. . . . . .   1,200 f. » c.
</pre>

Donc, hypothétiquement, 1200 fr. de profit net, mais susceptibles de s'amoindrir, eu égard à des avances d'argent inévitables, aux accident imprévus, aux grosses réparations, aux délais ordinaires qu'on éprouve à se voir solder intégralement des *façons*, ce qui ne peut se réaliser qu'en suite de la vente du dernier *ballot* de la partie reçue, la quotité des *déchets* n'étant connue qu'à cette époque. Maintenant, pour mieux préciser encore l'état vrai des choses, car s'il existe des fabriques qui, en soie d'achat de provenances diverses *montent* plus de 2400 kilogrammes *organsin* dans l'année (il est entendu que je mets de côté les soies de filatures d'ordre dont l'ouvraison, plus accélérée ne saurait servir de type de comparaison), combien n'en voit-on pas qui en *passent* moins? Aussi, pour amener en cause ces dernières usines qui sont les plus nombreuses, introduisons-les en dédoublant le compte qui précède, comme susceptibles d'*ouvrer* 1200 kilogrammes, nous tomberons alors de 1200 fr. à 600 fr., auxquels le bénéfice, labeur personnel du moulinier compris, sera réduit. Or, il importe de remarquer qu'en supposant qu'il opérât à raison de 10 fr. le kilogramme, avec 8 p. % de *déchets*, j'ai adopté une moyenne qui est loin de se voir toujours justifiée par l'événement; car, si l'on rencontre des *gréges* d'achat supérieures, qui, avec les *liens* ne perdront que le 3 à 4 p. % après condition, bien entendu, il s'en trouve qui donne 9, 10, jusqu'à 15 p. % ; et de plus, ce n'est pas invariablement à 10 fr. le kilogramme que les *mouliniers* se chargent d'*ouvrer*; car souvent, plutôt que de *tirer à bout*, ils acceptent 9 fr. 50 c., 9 fr., 8 fr. 50 c., 8 fr., même 7 fr. 75 c., tant le besoin de travailler, joint à une concurrence irréfléchie, les entraînent en les aveuglant sur leurs véritables intérêts; ou qu'*exceptionnellement*, en raison de la difficulté des affaires dans les temps de troubles politiques, quelques-uns se rabattent temporairement à 8 fr., dans le but unique d'assurer du pain à leurs ouvrières, en ne disloquant pas leurs ateliers. Dans le Vivarais et l'Ardèche, *chose prodigieuse*, on a rencontré des preneurs à 7 fr. Il est dès lors démontré jusqu'à l'évidence que leur sort est véritablement à plaindre, et que malgré leurs efforts, leur sobriété, leurs privations poussées jusqu'à se refuser souvent le nécessaire, ils fléchiront vite sous le fardeau; c'est ce qui a malheureusement lieu tous les jours.

Je me contenterai, pour conclure sur ce point, de signaler que l'ouvraison à 9 fr., devenue, je le dis à regret, trop commune, appliquée au compte de 2400 kilogrammes, en admettant les déchets à 50 fr., oc-

casionne un abaissement de 2400 fr. qui, rapprochés de 1200 fr., bénéfice présumé d'un an, met le
moulinier en perte de 1200 fr., et de 600 fr. pour
1200 kilogrammes; que si, pour son malheur, le
chef d'atelier se résignait à ne recevoir que 8 fr.,
il éprouverait dans le premier cas une perte effective
de 3600 fr., et de 1800 fr. dans le second. Jusqu'où
ne s'étendrait-elle pas si les déchets, au lieu de 50 f.
le kilogramme étaient portés à 60, par exemple? On
rencontrerait, dans cette hypothèse, une perte sèche
de 5520 fr. au compte de 2400 kilogrammes, et de
2760 fr. en dédoublant. Notez que le prix de la grége
à 50 fr. le kilogramme est posé, à de rares exceptions
près, comme le plus bas; qu'il est, pour l'ordinaire,
de 55 fr. à 60 fr., et même par delà. En ce qui regarde
les *déchets* supposés à 8 p. %, je les maintiens plutôt
en dessous qu'en dessus de la vérité, en raison des
liens, et de l'humidité, ce que tout moulinier recon-
naîtra avec moi. Ne savons-nous pas que les détenteurs de *gréges* ont soin, en général, de les tenir dans
un lieu frais, voire même humide, pour les *préparer*
à la vente? Il importe donc de ne pas perdre de vue
ce qui vient d'être exposé avec la rigoureuse inflexi-
bilité des chiffres, car les conséquences en sont capi-
tales; s'obstiner à les braver n'est-ce pas folie, quand
on groupe à côté les considérations émises relative-
ment à ce qui se passe à LYON où les réductions su-
bies par les *ballots* ont été résumées plus haut en
quatre articles à l'application desquels il serait im-

possible de se soustraire ? Tel est pourtant le jeu auquel se livrent beaucoup de *mouliniers* dont l'unique espoir repose sur d'irréalisables calculs !

Quoiqu'il en soit, l'industrie du *moulinage* tend à à se modifier dans un intérêt de convenances, et en vue de l'amélioration des produits de la soie en général ; elle demande à être dirigée dans une voie meilleure qui ne saurait se rencontrer sans que, là comme ailleurs, une concurrence étroite et vaniteuse opposée à tout progrès, ne soit écartée si l'on veut combattre avec avantage l'extension que l'ANGLE-TERRE, la SUISSE, les étrangers, s'efforcent de donner chez eux à l'industrie de la soie, et à la fabrication des étoffes en tous genres sur lesquelles nous conservons une supériorité de dessins et de goût qui compense à peine l'économie de main d'œuvre possédée par nos rivaux, sans qu'il ait été possible, jusqu'à ce jour, d'y atteindre, et que l'on balancerait en ramenant la matière première, les *cocons*, à des prix plus en rapport avec leur accroissement qui n'a cessé de progresser depuis un quart de siècle. Loin de là, les besoins, même ceux d'agrément, devenus de première nécessité, sont quelque peu dispendieux chez nous où le confortable, à tous les degrés de l'échelle sociale, a fini par l'emporter sur l'utile ; maladie endémique dont le remède est encore à connaître, et qui d'ailleurs serait repoussé s'il se rencontrait. On aspire au bien-être, mais le difficile c'est de l'obtenir sans en faire une occasion de ruine. Telle est incontestablement la cause de ces *grèves* déplorables où nous voyons successivement figurer les diverses classes d'ouvriers, et qui se traduisent d'ordinaire en demandes comminatoires d'une augmentation de salaires, sans avoir égard aux ressources véritables de l'entrepreneur, du négociant, dont on s'exagère exprès les bénéfices, ne distinguant pas ses produits bruts des nets; niant ses embarras, souvent ses périls et ses pertes, au milieu d'un courant qu'on est parfois dans l'impossibilité de régulariser, afin de motiver et de justifier en quelque sorte, des réclamations dont le mérite pourrait bien être contesté avec avantage. Peu besogner et cependant obtenir de forts salaires, telle est, en réalité, la visée de ceux qui sont voués aux travaux manuels; et l'homme de bureau, de cabinet, le médecin, l'avocat, le professeur, celui qui s'occupe de science, de littérature, d'arts, absorbé par des occupations intellectuelles, appelé à parler en public, qui, lui aussi, mène une vie active, fatigante, une vie qui s'use vite, n'a seulement pas un jour de repos par semaine; tandis que l'artisan, sous prétexte de labeurs plus pénibles s'en attribue régulièrement deux dans les villes et les campagnes; sans parler, pour ce dernier, des foires qu'il se croit obligé de suivre exactement dans les environs de sa résidence, en alléguant des affaires qui l'y appellent, devenues la cause de dépenses préjudiciables au ménage, au lieu du profit qu'il eût réalisé en restant à travailler chez lui. Il se plaindra du bonheur des riches, de leur dureté, de l'inégal et injuste partage des biens; proclamant sa gêne dont il est le plus

souvent l'auteur, comme un titre de nature à provoquer je ne sais quelle loi de nivellement, seule capable à son avis, de rétablir l'égalité primitive (celle
de la vie sauvage) qui aurait dû se perpétuer sans
interruption entre tous les membres de la société,
laborieux ou non, forts ou faibles, avec ou sans intelligence, telle en un mot qu'il prétend y avoir droit
depuis l'origine du monde. Ne voulant pas reconnaître qu'il y a eu, et qu'il y aura toujours des riches,
et que vouloir les supprimer, chose heureusement
impossible, ce serait annihiler tous les métiers, et
condamner la classe ouvrière à la plus mortelle inac-
tivité, comme à la plus affreuse misère; mais on ne
raisonne pas les passions. Comment finit parfois l'ouvrier? par l'abrutissement, suite de ses excès au ca-
baret. Mais l'homme à pensées élevées, dont les facultés furent dirigées vers les arts, les lois, l'administration, le gouvernement, les sciences, n'a-t-il
pas à redouter, entre autres graves infirmités, les
congestions cérébrales suscitées par une contention
d'esprit trop continue, qui lui imposent à titre cura-
tif et préventif, de se survivre à lui-même en con-
damnant ses facultés intellectuelles au repos, privant
ainsi la patrie de toutes les richesses qu'il aurait su
employer encore dans un but d'utilité publique. Mais
si le premier ne fait que pitié, l'autre a droit à nos
vives sympathies et à nos regrets, car la société a
perdu avant l'âge, l'un de ses utiles et honorables
concitoyens.

Revenant, avant que d'en finir, à l'antagonisme

régnant dans l'exercice des industries qui se croisent, antagonisme poussé au point qu'il est comme impossible de désigner aujourd'hui une personne par la spécialité de son commerce qui embrasse dix sortes de produits, véritable négoce à la *brocante*, progressera-t-il encore, ou la confusion portée à ses extrêmes limites, finira-t-elle par faire naître l'ordre de l'excès du désordre? C'est une question de la plus haute importance, impossible à préjuger en ce moment, et s'il est à souhaiter qu'il ne continue pas d'en être ainsi pour les objets de première nécessité, car c'est un devoir impérieux de faciliter les moyens d'existence économique des classes pauvres, malheureusement condamnées, en l'état, à la surtaxe bien souvent usuraire que de nombreux courtiers, interposés entre elles et le producteur, prélèvent à titre de commission; il ne devrait pas non plus en être de même, d'une manière absolue, des objets qui, de leur nature, s'adressant à l'art, au goût, à la mode, au luxe, contribuent à la gloire nationale, en ajoutant à sa richesse, et les recommandent à la sollicitude d'une administration éclairée. Non que l'on veuille établir ici la moindre analogie, ce qui serait aussi ridicule qu'absurde, mais eu égard à des considérations d'ordre élevé, ne pourrait-on pas, sans tomber dans le paradoxe, demander en faveur d'une industrie qui s'exerce sur un produit indigène devenu si important, qui a besoin d'appui pour arriver à suffire aux nécessités de la fabrication, qu'il fût établi des réglements tels, que depuis l'*éducateur*, jusqu'à celui qui occupe les métiers à tisser, tous trouvassent une protection efficace jugée indispensable; qu'il y eût chance, avec de l'économie, de la suite dans les idées, de l'aptitude, d'assurer au *moulinier-filateur*, ou sans *filature*, un honnête moyen d'existence, lui qui compte aujourd'hui tant de ses collègues qui végètent, si peu qui réussitent, et un si grand nombre qui périssent? Afin de faire vivre et prospérer cette industrie, il faut encore la sécurité à l'intérieur et la paix au dehors, car la politique exerce sur elle une influence vivifiante ou mortelle à ce point, qu'on ne saurait trop la sauvegarder dans ses diverses ramifications. C'est donc avec pleine raison qu'elle revendique l'abri de garanties légales dont l'absence est si coûteusement sentie par ceux qui y consacrent leur intelligence, leur fortune et leurs veilles.

Je terminais ces quelques pages au milieu des variations atmosphériques tellement brusques, que l'on en est venu à se demander si le mois de mai n'est plus, avec ses charmes, qu'une fiction poétique. Appartiendra-t-il toujours au printemps, ou faut-il le classer parmi ceux de l'hiver? Que vont devenir les *éducations* de vers à soie de 1850, à la suite des gelées blanches que plusieurs localités ont eues à subir, du retard de l'éclosion, des chaleurs toujours à redouter en juin? L'Amérique, encombrée d'étoffes de soie ne demande plus rien, elle incidente, au contraire, de mille manières pour ne recevoir qu'une faible partie de ce qu'elle avait commissionnée. Paris est très-froid, la politique l'épouvante, l'ANGLETERRE est dans le même cas. A en juger sur les apparences, la récolte de *cocons* peut être médiocre, son succès du moins est encore incertain ; donc les *filateurs* se disposent à les payer chèrement. Mais quelle que soit la quotité de cette récolte, et il importe de s'en préoccuper, ce n'est là qu'un des deux côtés de la question ; l'autre, le PRINCIPAL est, sans contredit, les probabilités d'opérations à lier, soit en France, soit avec les peuples de l'Europe et de l'Amérique. Or, nous venons d'indiquer leurs dispositions actuelles, et nous ignorons de quel côté soufflera le vent de la prospérité qui peut seul ramener la confiance, et faire naître les besoins de commissions nouvelles destinées à garantir le succès de la campagne de 1850-51. Saura-t-on agir avec prudence, et subordonner les prix d'achats de *cocons* à ce qui est impérieusement indiqué par l'état actuel des choses? Souhaitons-le; puisse le passé influer le présent de telle sorte qu'il n'y ait pas à gémir encore sur les tristes conséquences d'un aveuglement qui aurait dès lors passé à l'état chronique ! MOULINIERS ET FILATEURS, GARDE A VOUS !

Telles sont, MONSIEUR et honorable ami, les réflexions que je vous adresse en réponse aux demandes qui les ont provoquées; il y aurait considérablement à s'étendre sur un sujet que, malgré ma longueur et mes écarts involontaires, je n'ai fait qu'effleurer, et qui, pour être bien traité, exigerait plus de portée d'idées que je n'en possède. Veuillez donc vous contenter d'une notice qui, dans sa médiocrité, aura témoigné de mon bon vouloir, ainsi que de la haute considération à laquelle vous avez des droits acquis.

1er Juin 1830.

A. P. D. B.

Moulinier-filateur de l'Isère.

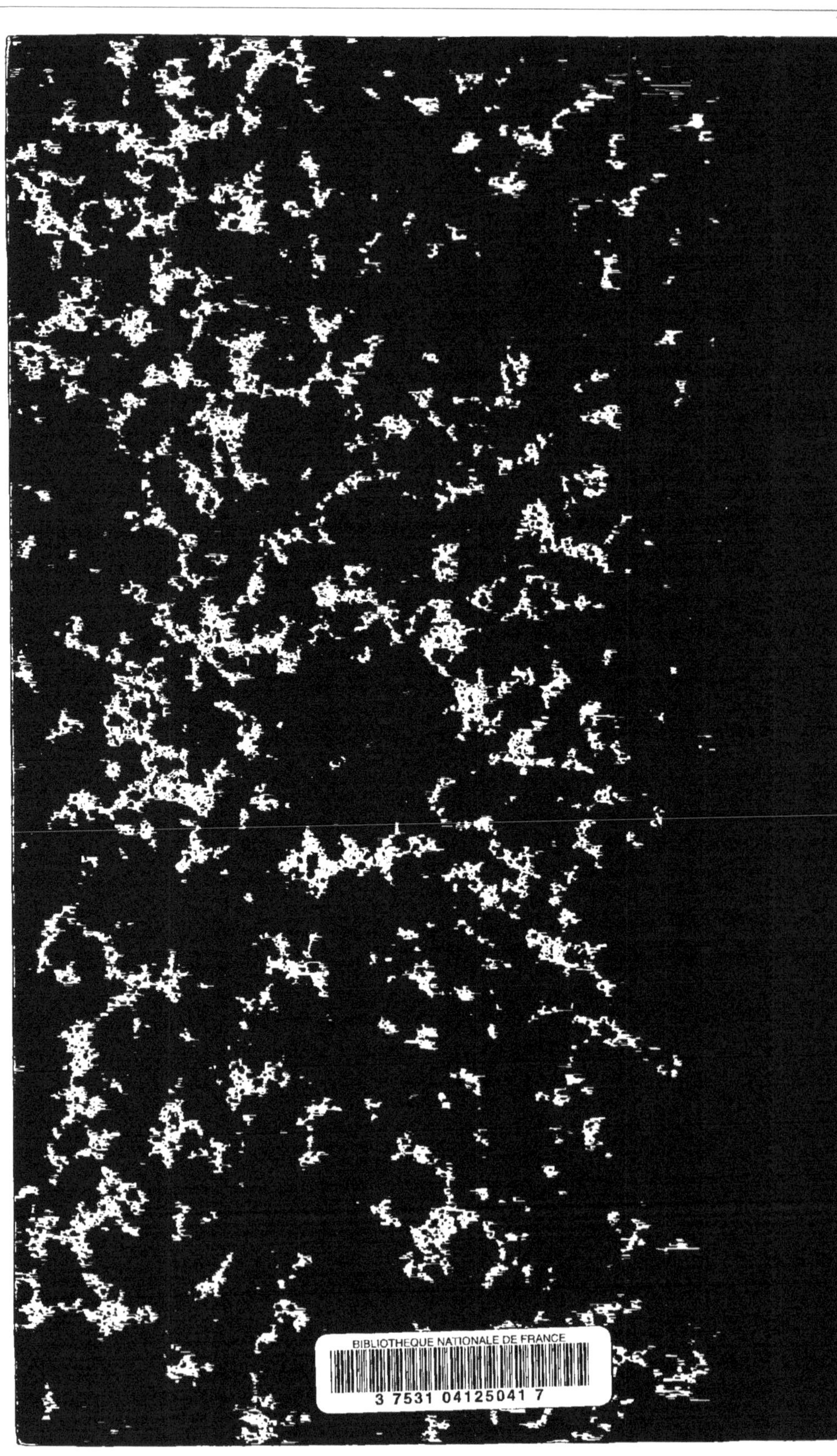

BIBLIOTHEQUE NATIONALE DE FRANCE
3 7531 04125041 7